Susan's happiness

kinky patchwork

kinky patchwork

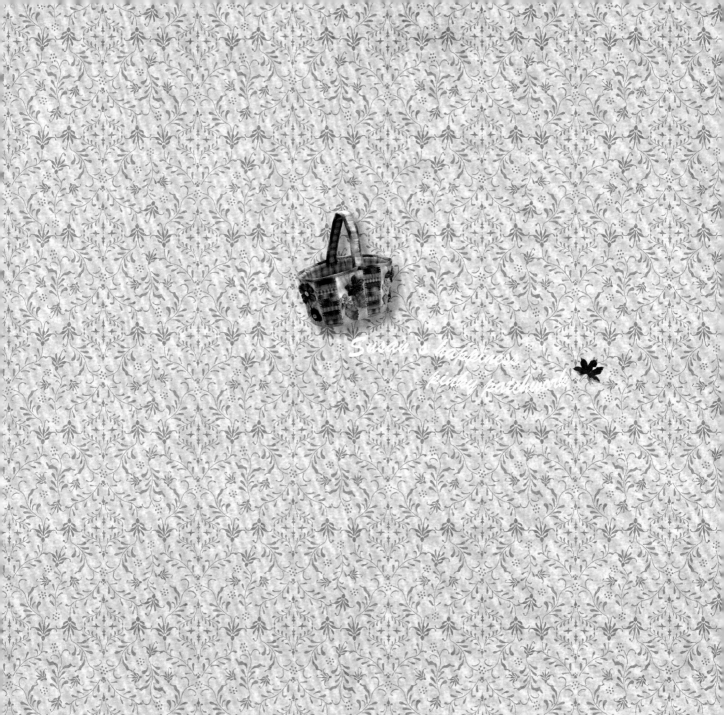

Susan's happiness.
Kinky patchwork.

恋上法式乡村风布作

秀惠老师的

幸福系
粉色拼布

周秀惠　著

河南科学技术出版社

·郑州·

Preface

逐梦，筑梦

这是我的第 7 本书。踏入拼布领域已经 18 年，我遇见很多贵人和知心的朋友。从真心到知心，再从知心到贴心，我感谢一路有你们相伴！

这本书收录了 37 款法式乡村风的新作品，大部分采用粉色系的布料，让人看了有恋爱般的幸福感。我花了 2 年的时间酝酿、制作每一件作品，其中的做法简单却带有技巧、富有生命力。当你买了这本书，我不只希望你可以学到想要的作品，还希望这本书能够温暖你的心。这是我衷心期待的美事。

对一般人而言，年纪越大梦想越小，似乎要靠着回忆过日子。但我年纪越大，梦想却也越大，最近常常告诉自己："有梦，就勇敢去追寻自己的梦。完成梦想没有年龄之分，只要踏实逐梦，一定有实现梦想的一天！"我的梦想，是在一个远离城市、回归朴实生活的居所落脚，开一座拼布博物馆，在那里美美地放置我毕生创作的"艺术品"。当然不只是拼布，还有其他艺术创作……希望感兴趣的好友来这泡杯茶或喝杯咖啡，好好地品味人生，好好地聊聊每个人的"梦想"，那就太棒了！

期待有梦想的有缘人和我一起来筑梦……

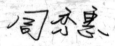

教学经历

英业达股份有限公司台北厂拼布指导老师

英业达股份有限公司大溪厂拼布指导老师

台北市议员陈政忠服务处拼布指导老师

中国台湾信托商业银行拼布指导老师

国泰世华银行拼布指导老师

中华妇幼新知发展协会拼布教育长

台湾孙中山纪念馆拼布指导老师

致理科技大学拼布指导老师

台湾手艺设计协会理事

Contents
目录

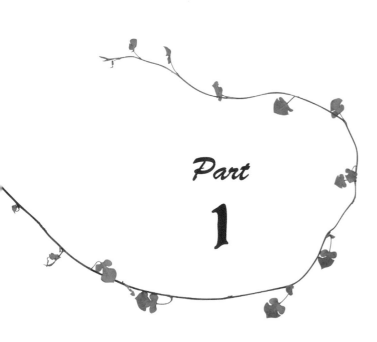

Part 1

粉色花园

粉色系的幸福色调，
营造恋爱般的甜蜜幸福感，
邀您进入秀惠老师的粉色系拼布
花园……

甜蜜小木屋

温暖甜蜜的春天来到，
屋顶上的小花，
露出可爱的五瓣微笑。

How to make

01 小木屋侧背包　　**P.74、P.75**
02 小木屋化妆包　　**P.76**
　　纸型**A**面

02

甜蜜小木屋

以咖啡色布料制作小木屋图形，
别有一番优雅、深沉之感。

03

丘比特花园

浅浅的粉红色，
是爱恋的天空色，
满载着丘比特的手作祝福。

05

蝶舞幻境

成双成对的紫色蝴蝶，
轻轻飞过粉红色花园，
洒下甜甜的恋爱香气。

07

午后玫瑰

悠闲的午后，
找个安静角落，
细细品味，
专属美丽的玫瑰心情。

08

09

朝颜之心

我喜欢牵牛花，
它们总是保持快乐的心，
让自己的每一天，都能精彩绽放。

彩绘人生

拿起画笔，
总能让人心绪沉静，
偶尔沉淀思绪，
为心里的小房间大扫除吧！

13

春之雪

软绵绵的白色花朵，
优雅又浪漫，
如春雪一般，轻柔怡人。

14

15

源自春之雪的概念，
方形的提袋和化妆包设计，
展现深色系布料的可爱感。

五月庄园

可爱柔美的五月花,
在包袋上欢欣雀跃,
带着它出门,
就能招来好运哟!

绣花日常

刺绣是一门学问，
在一针一线中，
流淌出耐心及美感，
已成为我生活的一部分。

How to make

19 绣花钥匙圈　**P.85**
纸型**C**面

20

紫色花梦

和煦的阳光，
洒在我喜爱的躺椅上，
温暖着午后的小憩，
和甜蜜的、紫色的梦。

20 绣花杯垫　**P.99**
纸型**C**面

21

早安郁金香

早安！
泡上一杯醇香的黑咖啡，
开启这美好的拼布早晨。

22

漫步田野

在好天气的清晨，
准备一篮新鲜的花，
送给好久不见的挚友，
带去一份惊喜！

How to make

㉒ 花朵提篮　P.100、P.101
纸型C面

美人鱼物语

将梦幻的美人鱼童话，
化身为拼布包，
我的心，
也仿佛在海洋里浪漫悠游。

24

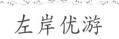

左岸优游

用YOYO装饰，
使拼布变得更活泼，
搭配侧身的贴布图案，
手作魅力满分！

26

27

28

田园日记

每个月份，
都有值得纪念的意义。
努力生活，
每一天都是好日子。

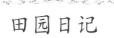

29

花开富贵

明亮的黄花图案，
搭配粉色系布料制作的提袋，
展现朝气十足的自信。

32

百合之窗

具有祝福之意的百合，
最适合作为礼物赠送他人，
以彩绘玻璃技法描绘花形，
提升拼布袋的高雅质感。

情迷紫罗兰

粉红色的色渐变布，
搭配疯狂拼接的技巧制作成布包。
缝上可爱小珠子，
就是女孩最爱的随身手作包！

古典美人

以祖母花园图形做成侧身，
搭配立体花朵装饰及木珠提手，
完成极具优雅美感的经典拼布包。

37

Part

2

手作时光

静静享受温柔的手作时光，
还有针线带来的缝纫乐趣，
这是拼布人的专属雅兴。

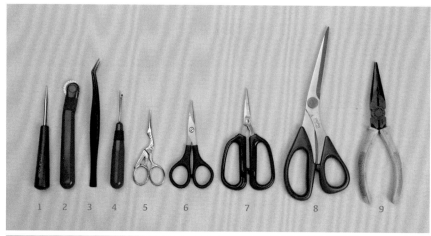

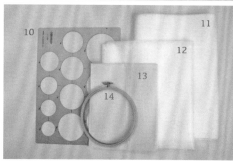

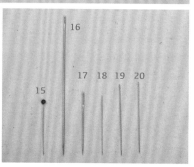

1. 尖锥　可辅助将布料的角挑出，形成漂亮的形状。

2. 点线器　在布料的表面做压痕记号。

3. 夹子　可将布料从反面翻至正面。

4. 拆线器　能轻松拆开缝线。

5. 鹤剪　便于制作贴布，亦可用于裁剪小片布料。

6. 线剪　比布剪更小一些，方便修剪一般的线头。

7. 纸剪　制作拼布前，建议准备一把专门剪纸的剪刀。

8. 布剪　建议选择品质较好、重量较轻的布剪。

9. 尖嘴钳　用于裁断铁丝。

10. 圆圈板　便于画出各种尺寸的圆形，是制作圆形压线不可或缺的工具。

11. 铺棉　市售的铺棉可分为单胶棉、双胶棉和无胶棉，可依作品需求选择。

12. 纸衬　便于在制作拼布时描绘图形。

13. 坯布　进行三合一压线时，将表布、铺棉、坯布三层叠合使用。这样压线时铺棉里的白色棉絮不易被拉出。

14. 绣花框　使刺绣更加方便、轻松。

15. 耐热珠针　将布料与布料固定，可用熨斗熨烫。

16. 娃娃针　长度较长，方便穿过很厚的作品。

17. 刺绣针　比一般针粗，针孔较大。

18. 12号针　适合缝合装饰珠。

19. 10号针（贴布缝针）　比一般针细。

20. 8号针　用于布料与布料的缝合，也可用来压线。

21. 布用复写纸　能很方便地将图形复印至布料表面。

22. 返里针　可辅助将布条翻至正面。

23. 穿线片　将缝线穿入针孔的辅助工具。

24. 桌上型穿线器　方便将缝线穿入针孔中。

25. 彩绘玻璃边条布　有4mm、6mm等尺寸可选择。

26. 皮革指套　压线时套于手指上，避免受伤。

27. 顶针指套　压线时套于手指上，避免受伤。

28. 滚边器　辅助制作滚边布条，常用的有尺寸12mm、18mm等。

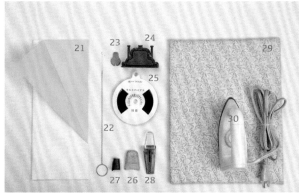

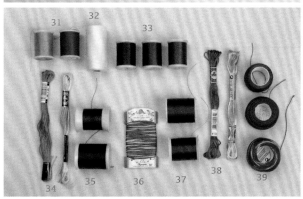

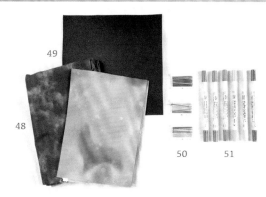

29. 三用板　外侧为熨烫垫。内侧的一面为砂板，可防止布料滑动；另一面可作为骨笔的刻画板。

30. 熨斗　可将布料熨烫平整。

31. 缝合线　常用缝线，粗细适中。

32. 疏缝线　可用来暂时固定布料，缝合后容易拆除。

33. 贴布缝专用线　比一般缝线更细，适合贴布缝。

34. 25号绣线　最常用的绣线，为6股线捻合而成。

35. 皮革线　缝合提手用。

36. 绣线　一般为6股线捻合而成。依作品选择不同的绣线。

37. 梅花线（压缝线）　比一般缝线粗，韧性更好。

38. 段染25号绣线　颜色很丰富，也很柔和。

39. 8号绣线　比一般绣线更粗，色泽更好。

40. 拼布尺　长度有15cm、30cm等，有颜色区分不同部分，可让刻度更明显。

41. 卷尺　长度150cm。在直尺长度不够用的时候可以使用卷尺。

42. 铁笔　与布用复写纸搭配使用，可将图形复印到布料上。

43. 消失笔（气消笔）　方便在布料上做记号，约十分钟后笔迹会消失。

44. 消失笔（水消笔）　方便在布料上做记号，喷水后笔迹即可消失。需特别注意，喷水后不可用熨斗加热，否则笔迹难以消除。

45. 蓝色粉土笔　依布料颜色选择粉土笔做记号。

46. 白色消失笔　适用于在深色布料上做记号。

47. 白色粉土笔　依布料颜色，选用明显的款式做记号。

48. Mola布

49. 塑料板

50. 缎带

51. 彩绘笔

压线——45°角压线

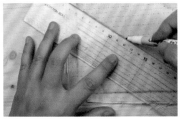

1. 以拼布尺描绘记号线。两条线之间的间距为1~2cm。

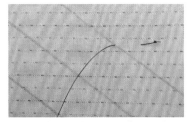

2. 从一条线的中点起针进行压线。

3. 从中间分别向左右两边压线。

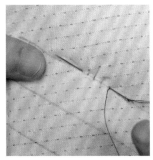

4. 针距为0.2~0.3cm。

5. 用同样方法完成所有压线。

压线——圆形压线

▲圆圈板是制作圆形压线的好帮手。

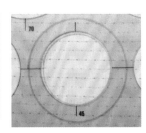

1. 用圆圈板描绘所需的圆形。先描绘大圆形，再对齐参考线并描绘较小的圆形。

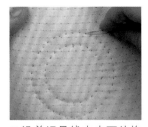

2. 沿着记号线由内而外均匀压线，即可完成。

压线——沿图案压线

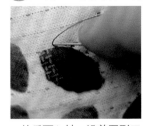

1. 从反面入针，沿着图形四周压线。

2. 建议选用与布料颜色相近的线。

无压线

有压线

3. 此种压线方法常与贴布搭配使用，压线后的图案会更为立体。

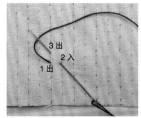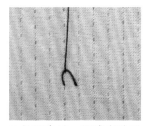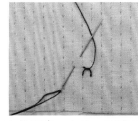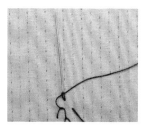

👜 刺绣——羽毛绣

1. 如图在布上选定需要刺绣的位置，如上图出、入针。

2. 依图出针，完成右边羽毛绣。

3. 依图出、入针，完成左边羽毛绣。

4. 依图出、入针，完成右边羽毛绣。

👜 刺绣——法式结粒绣

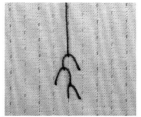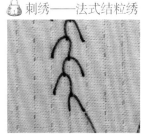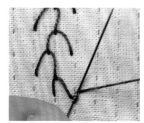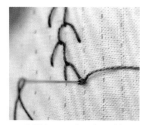

5. 依顺序出、入针，完成羽毛绣。

1. 于布料正面出针。

2. 用线在针上绕三四圈后，抽针但不完全拔出。

3. 直接返回到原点入针。

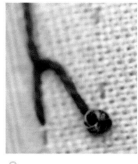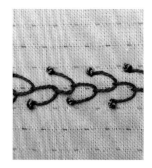

4. 将线拉到反面之后便完成法式结粒绣。完美的法式结粒绣中心比较像酒窝。

5. 依顺序完成所有的法式结粒绣。这里示范了将法式结粒绣与羽毛绣结合的方法，你也可依喜好自行组合。一起来挑战吧！

👜 刺绣——毛毯边绣

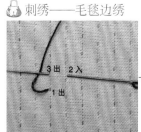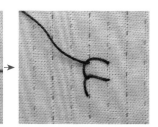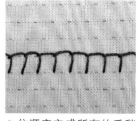

1. 设定一条直线，依图示进行刺绣。

2. 依顺序完成所有的毛毯边绣。

刺绣——钉线绣

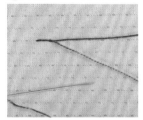

1. 先取一股红色绣线并拉直作为主线，取绿色线从红线上穿出。

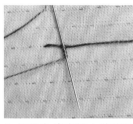

2. 把绿色线在针上缠绕两三圈。

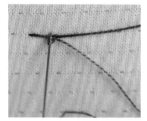

3. 针不抽出，返回原点穿入反面。

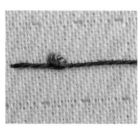

4. 于红线上完成法式结粒绣。

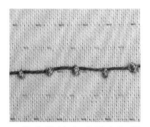

5. 依此做法完成所有钉线绣。

刺绣——缎面绣

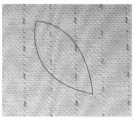

1. 于布料上描绘图形。

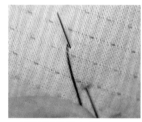

2. 沿图形边缘起针。

3. 在边缘另一处入针，连续进行刺绣。

4. 绣叶子的尖部时，将绣线拉长，入针处需超出记号线。

5. 避开中心叶脉再慢慢收针刺绣，完成整个叶形。

6. 完成生动的缎面绣。

刺绣——轮廓绣

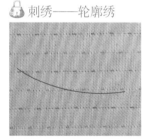

1. 于布料上描绘记号线。

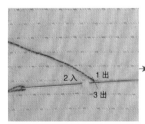

2. 依图示进行刺绣。

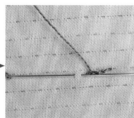

3. 完成所有的轮廓绣。

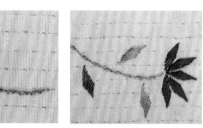

4. 与缎面绣组合即可完成美丽的花朵。

🔖 技巧示范——小木屋图形拼接

运用作品P.8

准备材料：
大红色布1片
绿色布（深、中、浅色）适量
红色布（深、中、浅色）适量
纸衬适量

1. 在纸衬上画图并如图写好编号。

2. 用胶把布粘在纸衬上。

3. 按照编号顺序如图将大红色布和浅绿色布固定（正面相对）。

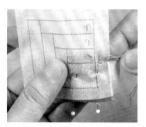

4. 在纸衬的反面进行平针缝（沿绿色1记号线）。

5. 缝好后翻到正面。

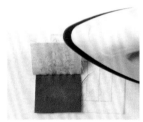

6. 在布的正面以小熨斗烫平。

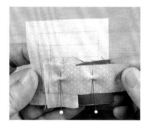

7. 依照顺序再将上图与浅红色布固定（正面相对）。

8. 在纸衬的反面进行平针缝（缝合红色1记号线）。

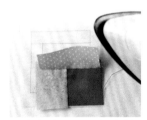

9. 在布的正面以小熨斗烫平。

10. 依照顺序再将上图和中绿色布固定。

11. 在布的正面以小熨斗烫平。

12. 依照顺序将所有的布片拼接好。

技巧示范——Mola

运用作品P.14

注：Mola译为"摩拉"，是一种反折贴布的方法。

材料准备：
纸衬
表布
Mola布

1. 画好图形。

2. 将图形用布用复写纸复印到表布上。

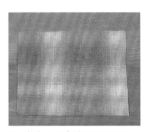

3. 表布上画好复印的图形。

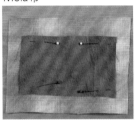

4. 在表布的反面放一片Mola布，以珠针固定。

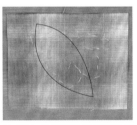

5. 在布的正面以疏缝线疏缝固定。

6. 沿着图形剪下中间的部分。用尖锐的小剪刀比较好制作。

7. 以贴布针和贴布线慢慢地进行贴布缝。

8. 一个图形做好了。

9. 将疏缝线拆掉，即完成。

技巧示范——贴布

运用作品P.19

1. 在纸衬上复制图形并写好编号。

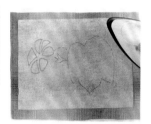

2. 将纸衬放在布上。

3. 以布用复写纸将图形复印到布的正面。

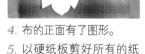

4. 布的正面有了图形。
5. 以硬纸板剪好所有的纸型。

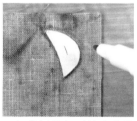

6. 把花瓣的纸型放在布的反面，外加缝份0.5cm剪下布片。

7. 布片四周缩缝一圈。

8. 将纸型放入布的反面。

9. 再将线拉紧。
10. 以熨斗烫平布。

11. 将纸型取出，把缩缝线拉回原来形状。

12. 用相同方法完成6片花瓣。

13. 把6片花瓣贴布缝缝在布上。

14. 依纸型的形状剪下叶子的布片（布需外加缝份0.5cm）。

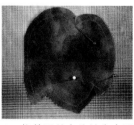

15. 将剪下的布片放在合适的位置上并固定。

16. 刺绣叶脉，完成。

技巧示范——彩绘拼布、曲线滚边

运用作品P.20

1. 以签字笔或消失笔清晰地画出图形。

2. 将刚画好的图形放在表布的下面，以铅笔轻轻地在表布上描出图形。

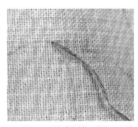

3. 取25号绣线2股，从布的反面出针。

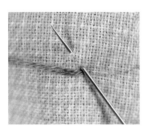

4. 针如图所示一入、一出。

5. 将线绕针一圈。

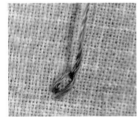

6. 拔针，完成一针锁链绣。

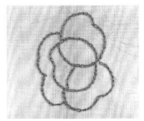

7. 沿着花瓣图形的线条都绣上锁链绣。

8. 花芯的部分以25号绣线1股做回针绣。

9. 以黄色彩绘笔涂满整个花瓣。

10. 用锁链绣绣出花蕊。

11. 依纸型把边缘剪出曲线。

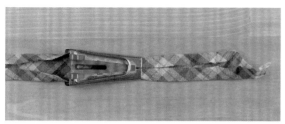

12. 做好4cm的滚边条（一定要用斜裁布）。

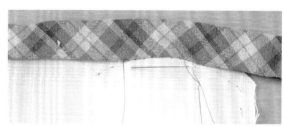

13. 沿着记号线缝上滚边条。

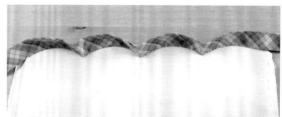

14. 曲线处一定要放松滚边条。

15. 再沿着记号线继续缝滚边条。

16. 先缝好正面。

17. 反面再沿着记号线缝好，即完成。

技巧示范——蕾丝片

运用作品P.23

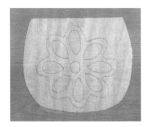

1. 在纸衬上描好整个图形。

2. 将纸衬烫在表布的反面。

3. 如图所示将所有图形都复印到布的正面。

4. 用纸板剪出纸型，外加缝份剪一片浅色布备用。

5. 做好8片花瓣和1片花芯备用。

6. 做好缩缝的花瓣和花芯。

7. 将8片花瓣和1片花芯放在浅色布上面。

8. 先疏缝固定好，再以贴布缝缝合在浅色布上。

9. 再将浅色布贴布缝缝合在深色表布上。

10. 依纸型剪出边缘曲线。

11. 表布、铺棉、里布进行三层压线。

12. 绣上所有的绣线，完成作品。

技巧示范——郁金香图形拼接

运用作品P.32

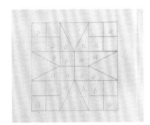

1. 在纸衬上描好整个图形。

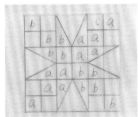

2. 以油性笔写上编号（红色代表红色布，蓝色代表绿色布）。

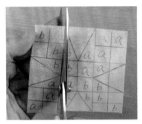

3. 剪下纸衬。

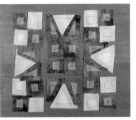

4. 将纸衬贴在不同颜色的布片上。

5. 组合右下方的布片。

6. 再组合右边中间的布片。

7. 再组合右上方的布片。

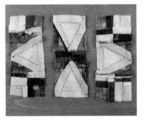

8. 如图将所有布片组合好。

9. 再将左边和中间组合，最后组合右边。

10. 完成图案，烫平。

技巧示范——缎带绣

运用作品P.32

1. 用圆圈尺在布上画出曲线。

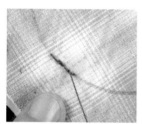

2. 以8号绣线沿着曲线绣轮廓绣。

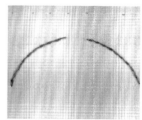

3. 依此方法绣完所有曲线。

4. 取一段缎带，尾端剪成斜角，穿入缎带绣针。

5. 在缎带的前端折出一个折角。

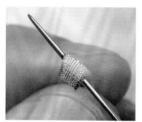

6. 以缎带绣针穿入刚刚的折角。

7. 在缎带绣针的末端打好一个结。

8. 在缎带的尾端也打一个结。

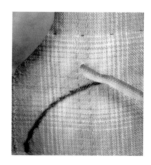

9. 从布的反面出针。

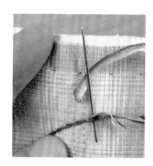

10. 把缎带绣针的末端穿过轮廓绣的线。

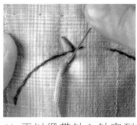 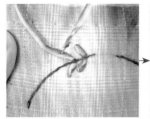 

11. 再以缎带针入针穿到 *12.* 依此方法完成所有的V形绣。
　　反面。

13. 图形尾端绣雏菊绣。

14. 图形的中间绣上一朵 *15.* 在缎带的正面入针。 *16.* 将缎带拉到反面，依 *17.* 完成缎带花。
　　花。先从中心点出针。 　　　　　　　　　　　　　　此方法绣好10至12条
　　　　　　　　　　　　　　　　　　　　　　　　　　缎带，完成一朵花。

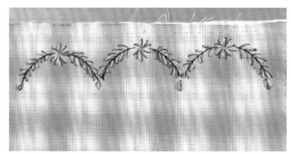 

18. 依此方法完成3段曲线。 *19.* 在布的反面将所有的缎带用线固定（避免缎带脱
　　　　　　　　　　　　　　　　线）。

👜 技巧示范——美人鱼绣片

运用作品P.36

1. 以纸衬描好整个图案，烫在布的反面。从布的正面能看到图案。

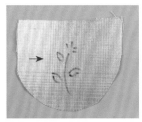

2. 以消失笔描出图案。

3. 再烫一片纸衬（让布片厚实一点比较好绣）。

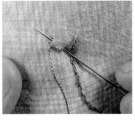

4. 以8号绣线用轮廓绣绣好枝干。

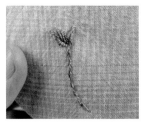

5. 再以缎面绣绣出叶子。

6. 共绣好3片叶子。

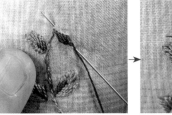

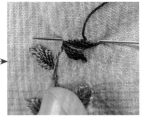

7. 取红色的8号绣线用缎面绣绣花瓣。

8. 绣好4片花瓣即完成。

9. 准备另一片尺寸相同的表布。

10. 两片布正面相对，如图缝合U形线。

11. 翻回正面，以铁笔刮边缘。

12. 在U形的边缘缝上珠子，即完成绣片。

技巧示范——六角花园拼接

运用作品P.48

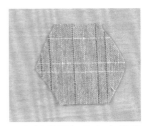

1. 留缝份画好六角布片并剪下。

2. 以疏缝线将纸型缝在布片上。

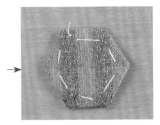

3. 缝好12片布片，排成3排。

4. 取第1排的第1片及第2片进行卷针缝缝合。

5. 缝好后把两片展开平放。

6. 依此方法完成3排共12片。

7. 取第1排及第2排进行卷针缝缝合。

8. 3排全部卷针缝缝合。

9. 以熨斗烫好。

10. 用锥子拆掉所有的疏缝线。

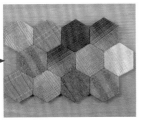

11. 取下所有的纸型。

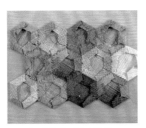

12. 完成六角花园拼接。

做法教学——百合花小提袋

运用作品P.45

准备材料：

袋身表布19cm×22cm 2片
上侧身表布10cm×22cm 1片
下侧身表布12cm×46cm 1片
里布30cm
纸衬、铺棉、坯布35cm×50cm
拉链拉环布4cm×4cm 2片
拉链20cm

滚边条4cm×22cm 2片
D形环2个、提手1组
包绳布2.5cm×66cm 2片
皮绳66cm 2条
4mm黑色边条布1卷、奇异衬1卷
彩色布适量
奇异衬适量

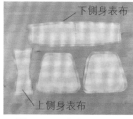

1. 前、后片表布和上、下侧身表布全部烫好纸衬。

2. 画好四周的记号线。

3. 以铁笔描绘出图形。

4. 将记号线复制到正面。

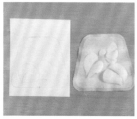

5. 依纸型剪好奇异衬（请加0.2cm缝份）。

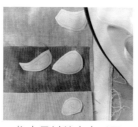

6. 将奇异衬放在布反面，以熨斗烫好。

7. 以锋利的剪刀沿着所画的线条剪下。

8. 将奇异衬的纸撕下，再将有胶的那面放在表布相应的位置上。

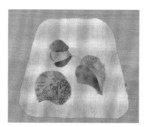

9. 放好所有的彩色布。

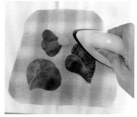

10. 以熨斗烫平固定。

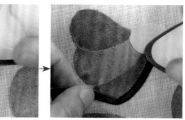

11. 取黑色边条布沿着花朵的边缘烫好、固定。

12. 烫好后用剪刀剪下黑色边条。

13. 完成第一片花瓣。

14. 再完成第二片花瓣。

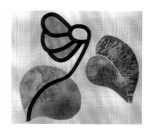
15. 将整朵花都绕好黑色边条。

16. 另取黑色边条做叶子开头放在旁边边条的下方。

17. 用锥子挑起。

18. 用熨斗加热固定。

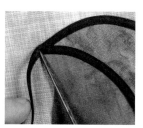
19. 叶子的尖端需要放松一些才能呈现出尖角。

20. 可以用锥子辅助。

21. 黑色边条的尾端被放在其他黑色边条下方。

22. 完成左边的图案。

23. 同样方法再完成右边的叶子。

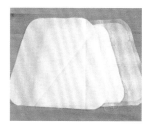
24. 依纸型裁好表布、铺棉、坯布。

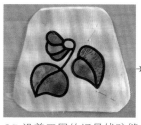
25. 沿着四周的记号线疏缝一圈。

26. 图为疏缝好的反面。

27. 另一片也沿着四周的记号线疏缝一圈，并完成压线。

28. 沿着四周的记号线疏缝一圈上侧身和下侧身。

29. 上侧身加一片里布疏缝。

30. 准备好滚边条（需选用斜裁布）。

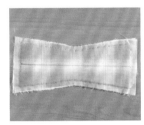

31. 画好中心线。

32. 沿中心线以剪刀剪下备用。

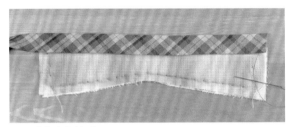

33. 以滚边条滚边。

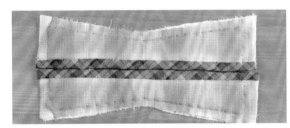

34. 另一片也以滚边条滚边。

35. 在拉链的中心点做记号。

36. 将拉链用珠针固定在滚边条上方。

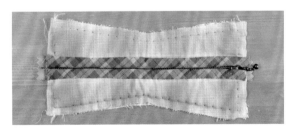

37. 缝合拉链。

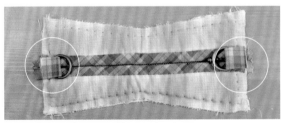

38. 固定拉环布（记得放入D形环）。

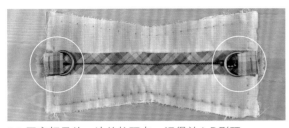

39. 固定好另外一边的拉环布，记得放入D形环。

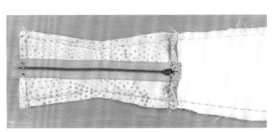

40. 将上侧身和下侧身的一端缝合。

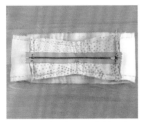

41. 将上侧身和下侧身的另一端缝合。

42. 再缝合下侧身里布的一端。

43. 将整个侧身绕成环状。

44. 再缝合下侧身里布的另一端。

45. 完成上、下侧身的组合。

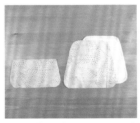

46. 裁好里布口袋及后片表布。

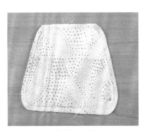

47. 后片疏缝固定一圈。

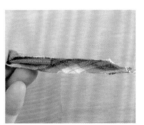

48. 取2.5cm的包绳布将皮绳包在里面。

49. 缝好包绳布。

50. 将包绳布放在后片表布四周的记号线上并疏缝一圈。

51. 剪掉多余的皮绳。

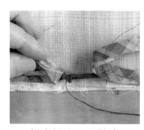

52. 将皮绳头、尾缝合。

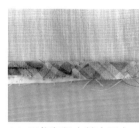

53. 再将包绳布缝合固定。

54. 完成后片的包绳处理，剪去四周多余的缝份。

55. 前片用相同做法包绳，剪去四周多余的缝份。

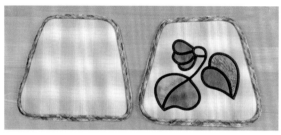

56. 将皮绳头、尾缝合。

57. 再将前片及侧身固定。

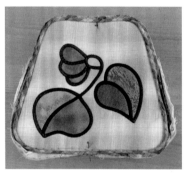

58. 缝合前片及侧身整圈。

59. 再缝合后片及侧身整圈。

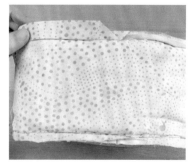

60. 将里布缝份以滚边条滚边处理。

61. 完成里布滚边。

62. 放上提手即完成。

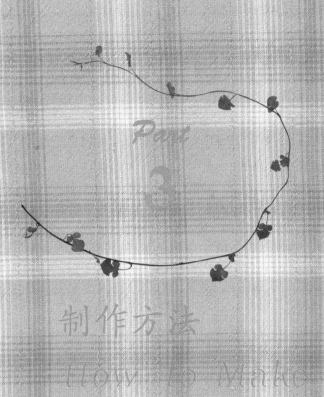

Part

3

制作方法

How to Make

◎除特殊说明外，本书做法说明和附录纸型中的尺
寸皆为实际尺寸，制作时请另外加缝份0.7cm。

◎部分作品未附做法，请参考同系列作品的制作。

◎三层压线：表布、铺棉、坯布三层叠合再压线，
这样铺棉里的白色棉絮不易被拉出。

01

小木屋侧背包 纸型A面

准备材料

A 袋身表布	16cm×20cm	2 片	袋盖表布	18cm×23cm		
B 小木屋拼接用布	适量		里布	30cm		
C 袋身表布	4.5cm×20cm	2 片	包扣	直径 1.5cm	2 个	
侧身表布	11cm×64cm			直径 1.8cm	1 个	
滚边条	4cm×60cm		纸衬、铺棉、坯布	各 35cm×75cm		

1. 拼接小木屋，共完成12片。

*小木屋图形拼接请见 P.57。

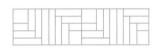

2. 组合前袋身表布A、B、C，并进行三层压线。

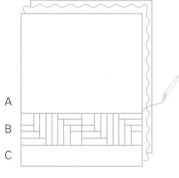

3. 组合侧身表布A、B（小木屋）、C、D（小木屋）、E，并进行三层压线。

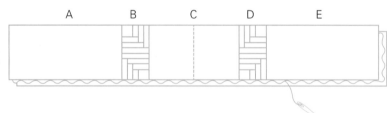

4. 组合后袋身表布A、B、C，同样进行三层压线。

5. 组合步骤2、步骤3、步骤4中的部分，完成。

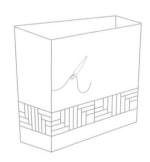

6. 依纸型裁剪前袋身里布。先制作口袋，固定于袋口下方10cm处，并在中间车缝隔开，缝份内缩0.3cm。后袋身里布做法相同。

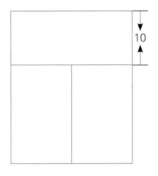

7. 依纸型裁剪侧身里布，缝份内缩0.3cm。

8. 组合前袋身里布、侧身里布与后袋身里布。

9. 将步骤8以背面相对的方式，放入步骤5中，并于袋口滚边。

10. 袋盖进行三层压线后，与里布正面相对叠合，车缝U形，从上方返口翻回正面，将缝份向内折入后缝合。

11. 将步骤10固定于步骤9上，再组装提手。

12. 用包扣和布制作立体花3朵，并固定于袋盖上，即完成。

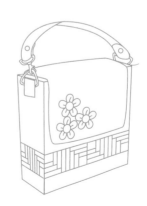

02
小木屋化妆包 纸型A面

准备材料

A 袋身表布	6cm×20cm		侧身表布	11cm×18cm	
B 小木屋拼接用布	4 片		滚边条	4cm×21cm	2 片
C 袋身表布	8cm×20cm		里布	20cm×40cm	
D 小木屋拼接用布	4 片		纸衬、铺棉坯布	各20cm×40cm	
E 袋身表布	6cm×20cm		拉链	20cm	1 条
包扣	1 个				

1. 参考P.74拼接B、D小木屋图形，4片为一组缝合，共做两组。

*小木屋图形拼接请见 P.57。

2. 组合布片A、B、C、D、E，进行三层压线。

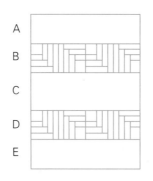

3. 将步骤2与里布正面相对叠合，车缝左右两侧，再由上边开口处翻回正面。

里布（背面）

4. 上、下方进行滚边后，再组装拉链。

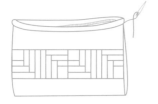

5. 侧身进行三层压线后，再以正面相对的方式叠合里布，车缝左右两侧，从下边开口处翻回正面，缝份向内折，完成两片。

6. 组合步骤4和步骤5。用包扣和布制作立体花后，固定于布片A的左上方即完成。

04
优雅护照套 纸型 A 面

准备材料

表布	16cm × 23cm	里布	15cm
贴布用布	适量	纸衬、铺棉、坯布	各 16cm × 23cm
滚边条	4cm × 80cm	8 号绣线	适量

1. 在表布上贴布，进行三层压线后，
　　再绣上轮廓绣与法式结粒绣。

2. 用里布制作夹层。

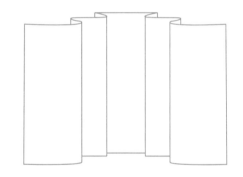

3. 组合步骤1和步骤2，以背面相对
　　的方式叠合，再于四周车缝、滚
　　边即完成。

03
优雅提袋 纸型A面

准备材料

前袋身表布	20cm×44cm		
后袋身表布	20cm×44cm		
袋底	16cm×30cm		
前口袋表布	17cm×23cm		
侧身口袋表布	16cm×19cm	2片	
口布	11cm×23cm	2片	
贴布用布	适量		

滚边条 袋口	4cm×70cm		
前口袋	4cm×23cm		
侧口袋	4cm×19cm	2片	
里布	45cm		
纸衬、铺棉、坯布	各40cm×95cm		
拉链	30cm	1条	
提手	1组		

1. 将前、后袋身表布分别加上铺棉、里布后进行三层压线。

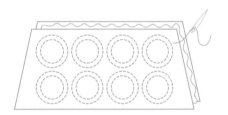

2. 将袋底进行三层压线。

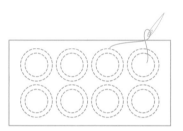

3. 组合步骤1和步骤2成筒状。

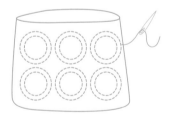

4. 依纸型裁剪前、后袋身里布。制作里袋身口袋，完成尺寸为13cm×20cm，固定于袋口下方5cm处。

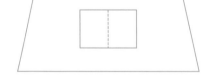

5. 剪袋底里布。

6. 组合步骤4和步骤5成筒状。

7. 将步骤6以背面相对的方式套入步骤3中，并于袋口进行滚边。

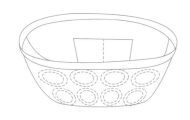

8. 在侧身口袋表布上贴布，进行三层压线后，制作法式结粒绣装饰，再车缝口袋底角。裁剪侧身口袋里布，同样车缝底角。

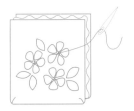

9. 将表布与里布背面相对，沿袋口滚边，共完成2片。

10. 将侧身口袋固定于指定处（对齐下端的边缘缝合）。

11. 在前口袋表布上贴布，进行三层压线（制作法式结粒绣），完成后与里布正面相对对齐，车缝U形后，翻至正面。

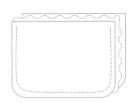

12. 于袋口处滚边，再将前口袋固定于指定处，对齐下端的边缘缝合。

13. 于袋口缝制拉链，并将口布固定于袋口处，组装提手，即完成。

05

怀旧旅行包 纸型A面

准备材料

前袋身表布	20cm×24cm		侧身口袋	16cm×16cm	2片
后袋身表布	20cm×24cm		侧身口袋袋盖（格子布）	6cm×12cm	4片
上侧身表布	14cm×32cm		滚边条（上侧身）	4cm×32cm	
下侧身表布	14cm×50cm		（侧身口袋）	4cm×17cm	2片
前口袋表布	12cm×18cm		（前口袋）	4cm×24cm	
前口袋侧身	6cm×40cm		纸衬、铺棉、坯布	各40cm×90cm	
前口袋袋盖（格子布）	9cm×18cm	2片	拉链	30cm	1条
拉链拉环布（格子布）	9cm×12cm	2片	口形环	1.5cm×4cm	2个
Mola 布	适量		口形环布	适量	
里布	60cm		织带	1组	

1. 制作前袋身表布，进行三层压线后，与里布叠合（可先制作个小口袋，固定于里布中心点下方5cm处，尺寸11cm×16 cm），将前袋身的表、里布以背面相对的方式固定缝合。

2. 后袋身做法相同。

3. 上侧身三层压线后，与里布叠合，从中间裁开，两块分别滚边，再组装拉链。

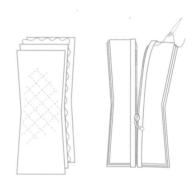

4. 下侧身（实际尺寸12cm×48cm）进行三层压线后，与里布背面相对叠合。

5. 组合上、下侧身成筒状，可参考P.70至P.71步骤38~45。

6. 组合步骤1、步骤5、步骤2，所有的缝份皆以里布进行包边处理。

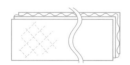

7. 于前口袋表布上制作Mola，再进行三层压线。

 ＊ Mola 制作请见 P.58。

8. 前口袋侧身同样三层压线。

9. 组合步骤7和步骤8。

10. 裁剪前口袋里布与侧身里布，并缝合。

11. 将步骤9和步骤10正面相对，车缝U形，再由口袋处翻回正面，上方滚边后，固定于指定处。

12. 前口袋袋盖三层压线，再加上一片格子布，以正面相对的方式车缝U形，由袋口翻回正面，缝份往内折入缝合，再将袋盖组装于指定处。

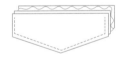

13. 于侧身口袋表布上制作Mola，完成后进行三层压线，并车缝袋底底角。裁剪一片里布，同样车缝底角。将表、里袋身背面相对，于袋口滚边，共完成两片，再将其固定于指定处（对齐最下端缝合）。

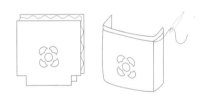

14. 侧身口袋袋盖进行三层压线，再加上一片格子布，以正面相对的方式车缝U形，由袋口翻回正面后，将缝份向内折入缝合，再将袋盖组装于上、下侧身接合处。

15. 做好口形环布，缝上织带，即完成。

06

悠游卡包 纸型A面

准备材料

表布	10cm×13cm	4 片		D 形环	1.5cm	
里布	10cm×13cm	1 片		D 形环拉环布	2cm×2cm	1 片
Mola 布 适量						

1. 在前片表布上制作Mola。

    * Mola 制作请见 P.58。

3. 取一片后片表布与里布，于指定位置车缝后，将中心挖空。

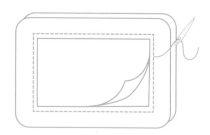

5. 组合步骤2和步骤1，缝合四周即完成。

2. 前片表布进行三层压线后，再以正面相对加上一片表布，左上角放入D形环与D形环拉环布，车缝四周并留一返口，由返口翻回正面，将返口缝合。

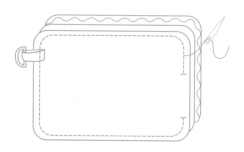

4. 再取一片表布以正面相对的方式叠合，车缝四周，并留一返口，从返口翻回正面，再缝合返口。

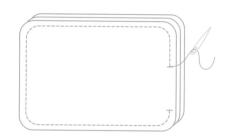

08

玫瑰零钱包 纸型B面

准备材料

袋身表布	19cm×33cm	2片（共4色）
袋身里布	20cm×33cm	
Mola 布	适量	

滚边条	4cm×36cm	
纸衬、铺棉、坯布	20cm×30cm	
拉链	18 cm	1 条

1. 拼接A、B、C制作后袋身表布。

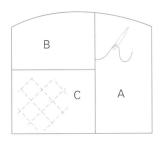

2. 制作前袋身表布Mola。

＊ Mola 制作请见 P.58。

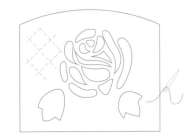

3. 拼接步骤1、袋底表布、步骤2，再进行三层压线。

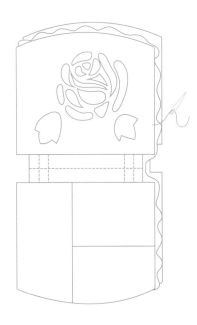

4. 将袋身上、下端以正面相对的方式对折，车缝左、右两侧，再车缝袋底底角。

5. 依纸型裁剪袋身里布，缝份内缩0.2cm，将上、下端正面相对对折后，车缝左、右两侧，再制作袋底底角。

6. 将步骤5套入步骤4中，于袋口处滚边，即完成。

07

玫瑰提袋 纸型 A 面

准备材料

前袋身表布	30cm × 30cm	1 片（四色各适量）	袋身里布	30cm	
后袋身表布	30cm × 30cm	1 片（四色各适量）	滚边条	4cm × 54cm	
袋底	10cm × 22cm		纸衬、铺棉、坯布	30cm × 70cm	
Mola 布	适量		提手	1 组	

1. 拼接A、B、C、D（制作Mola）、E，
   将前、后袋身进行三层压线。

   ＊ Mola 制作请见 P.58。

2. 将袋底进行三层压线。

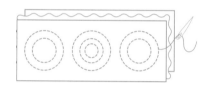

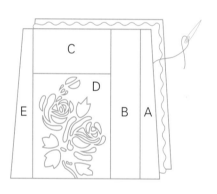

3. 组合前、后袋身表布与袋底表布。

4. 依纸型裁剪前、后袋身里布（可先制
   作口袋，固定于袋口中心点下方9cm
   处，口袋尺寸15cm×13cm），缝份
   内缩0.5cm。

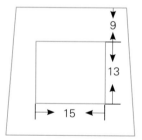

5. 依纸型裁剪袋底里布（缝份内缩0.5 cm）。

6. 组合前、后袋身里布与袋底里布。

7. 将步骤6套入步骤3中，于袋口处滚边，并于袋口中心点左、右各6cm处组装提手，即完成。

19
绣花钥匙圈 纸型C面

准备材料

表布	5cm × 9cm	2 片	O 形环	2.4cm	1 个
纸衬、铺棉、坯布	各 10cm × 9cm		O 形环拉环布	3cm × 6cm	
8 号绣线	适量				

1. 前片表布进行三层压线，制作轮廓绣与缎面绣。

2. 再把椭圆形纸型放在布的反面。进行缩缝。

3. 后片表布同样进行三层压线，并缩缝。

4. 将O形环套入拉环布中，夹在步骤2与步骤3的中间缝合，即完成。

09
时尚牵牛花提袋 纸型B面

准备材料

袋身表布	20cm×25cm	2 片		滚边布	4cm×60cm	
侧身表布	15cm×56cm			纸衬、铺棉、坯布	35cm×60cm	
袋口口布	8cm×17cm	2 片		8 号绣线	适量	
贴布用布	适量			25 号绣线	适量	
袋身里布	30cm			拉链	25 cm	1 条
拉链装饰布	5cm×7cm	2 片		提手	1 组	

1. 先于前袋身表布制作贴布，进行三层压
   线后，再制作轮廓绣。

   ＊贴布制作请见 P.59。

2. 后袋身表布进行
   三层压线。

3. 侧身表布进行三
   层压线。

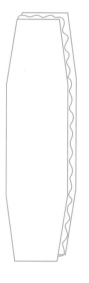

4. 组合步骤1、步骤3、步骤2成筒状。

5. 依纸型裁剪前袋身里布（缝份内
   缩0.5cm），并先制作口袋，固
   定于袋口下方5cm处（口袋尺寸
   14cm×10cm）。

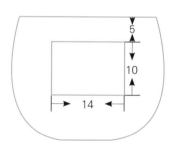

6. 后袋身里布做法相同。

7. 依纸型裁剪侧身里布（缝份内缝0.5cm）。

8. 组合步骤5、步骤7、步骤6成筒状。

9. 将步骤8套入步骤4中，并于袋口处滚边。

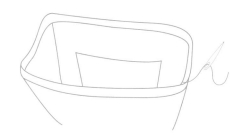

10. 将两片袋口口布折成3cm×15cm，缝上拉链后组装于袋口处，再于拉链两端分别缝上拉链装饰布。

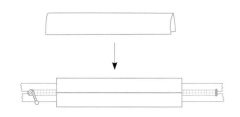

11. 组装提手，即完成。

10

时尚牵牛花零钱包 纸型B面

准备材料

前袋身表布	14cm×18cm		纸衬、铺棉、坯布	18cm×28cm	
后袋身表布	14cm×18cm		8号绣线	适量	
里布	18cm×28cm	2片	25号绣线	适量	
贴布用布	适量		拉链	18 cm	1条
滚边	4cm×40cm				

1. 于前袋身表布上制作贴布，进行
三层压线，并按照图案绣上轮廓
绣，缝合左、右下方的底角。

＊贴布制作请见 P.59。

2. 于后袋身表布上制作贴布，再
进行三层压线，缝合左、右下
方的底角。

3. 组合步骤1和步骤2。

4. 裁剪前、后袋身里布并缝合。

5. 将步骤4套入步骤3中，于袋口
滚边并缝上拉链，即完成。

12 彩绘玫瑰零钱包 纸型B面

准备材料

A 前袋身表布	13cm×19cm	1 片	拉链	20cm	1 条
C 后袋身表布	13cm×19cm	1 片	拉链装饰布	5cm×7cm	2 片
B 袋底表布	7cm×19cm	1 片	纸衬、铺棉、坯布	各 27cm×29cm	
侧身	7cm×11cm	2 片	彩绘笔	适量	
里布	27cm×29cm		25 号绣线、段染线	适量	
滚边条	4cm×20cm	2 片			

1. 于前袋身表布上制作锁链绣，并做彩绘拼布。

　*彩绘拼布制作请见 P.60。

2. 后袋身表布制作方法相同。

3. 组合步骤1、袋底、步骤2，进行三层压线。

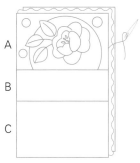

6. 缝上拉链与拉链装饰布。

4. 裁剪一片与步骤3尺寸相同的里布，正面相对后车缝左、右两侧，上、下两侧不车缝。

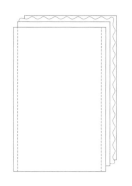

7. 侧身制作锁链绣，涂上颜色后进行三层压线，裁剪一片里布，正面相对后车缝四周并留一返口，由返口翻回正面，再将返口缝合。共完成两片。

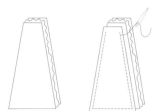

5. 从中间翻回正面，上、下两侧再制作滚边。

8. 组合步骤4和步骤5，即完成。

11
彩绘玫瑰提袋 纸型B面

准备材料

袋身表布	25cm×31cm	2 片		提手用布	3cm×40cm	4 片
袋底表布	12cm×26cm			提手滚边	4cm×40cm	4 片
袋底包绳布	2.5cm×70cm			纸衬、铺棉、坯布	各30cm×75cm	
滚边条	4cm×75cm			25 号绣线、段染线	适量	
吊耳布	4cm×28cm			彩绘笔	适量	
包扣	1 个			皮绳	直径 0.3cm	72 cm
包扣布、钩环布	适量			塑料板	适量	
袋身里布	45cm					

1. 取25号绣线（2股）于前袋身表布上进行锁链绣，并做彩绘拼布，再进行三层压线。

 ＊彩绘拼布、曲线滚边制作请见 P.60、P.61。

2. 后袋身表布做法与前袋身相同。

3. 步骤1和步骤2正面相对叠合，车缝左、右两侧。

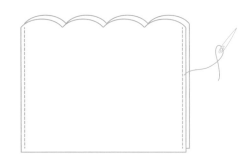

4. 裁剪前袋身里布，并制作口袋（缝份内缩0.7 cm），中间车缝隔间。

5. 后袋身里布做法相同。

6. 组合步骤4和步骤5，车缝左、右两侧。

7. 将步骤6套入步骤3中，于袋口处滚边，下端缝份向内折入并缝合。

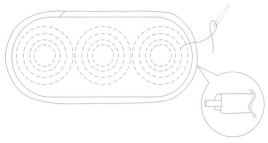

8. 袋底表布进行三层压线，并制作包绳（用包绳布包住皮绳），将包绳缝合于记号线上。

9. 裁剪袋底里布，再与步骤8正面相对，车缝一圈留返口，翻回正面后放入塑料板，并缝合返口。

10. 组合步骤7和步骤9。

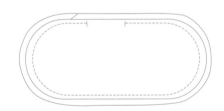

11. 取提手用布两片，中间夹入铺棉，于左、右两侧制作滚边，共完成两片提手。将提手固定于袋口中心点左、右两侧各7cm处。用包扣布包住包扣备用。

12. 缝上钩环布及包扣，即完成。

13
蕾丝提袋 纸型B面

准备材料

袋身表布	35cm×46cm		Mola 布	适量		
配色布	适量		纸衬、铺棉、坯布	各35cm×65cm		
侧身表布	17cm×17cm	2片	提手	1组		
滚边条	4cm×35cm	2片	拉链	35cm	1条	
里布	45cm		拉链装饰布	5cm×7cm	2片	
袋口口布	9cm×35cm	2片	25号绣线	适量		

1. 先制作袋身上的Mola与贴布，完成后进行三层压线，再以25号绣线（2股）制作法式结粒绣、锁链绣与回针绣。

＊蕾丝片制作请见 P.62。

2. 裁剪袋身里布，与步骤1正面相对，车缝左、右两侧。

3. 从开口处翻回正面。上、下两端制作滚边，再将提手固定于袋口中心点左、右各7.5cm处。

4. 侧身表布进行三层压线，再与侧身里布正面相对，车缝四周并留一返口，从返口翻回正面，将返口缝合，共完成两片。

5. 组合步骤3和步骤4。

6. 制作袋口口布，缝上拉链与拉链装饰布。

7. 将步骤6缝合于步骤5上，即完成。

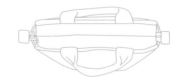

14
蕾丝零钱包 _{纸型C面}

准备材料

前袋身表布	14cm×16cm		里布	25cm×35cm
后袋身表布	14cm×16cm		纸衬、铺棉、坯布	各25cm×35cm
侧身表布	7cm×35cm		拉链	13cm 1条
各种配色布	适量		拉链装饰布	5cm×7cm 2片
滚边条	4cm×14cm	2片	25号绣线	适量

1. 制作前袋身表布的贴布，三层压线后，再制作法式结粒绣、锁链绣、直线绣与回针绣。缝上蕾丝片。

＊蕾丝片做法请见 P.62。

2. 制作后袋身表布，三层压线后，以回针绣进行图案刺绣。

3. 裁剪前袋身里布，与步骤1正面相对，车缝U形。

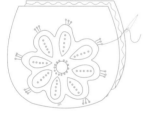

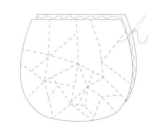

4. 由袋口处翻回正面，并制作袋口滚边，以同样方法完成后片。

5. 侧身表布进行三层压线，再与里布正面相对，车缝四周并留返口，从返口翻回正面，再将返口缝合。

6. 组合步骤4和步骤5，缝上拉链与拉链装饰布，即完成。

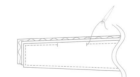

15
蕾丝方形提袋 纸型B面

准备材料

前袋身表布	26cm×26cm		
后袋身表布	26cm×26cm		
袋底表布	14cm×26cm		
侧身表布	14cm×27cm	2 片	
侧身口袋	14cm×14cm	2 片	
里布	45cm		
滚边条　侧身口袋	4cm×14cm	2 片	
Mola 布	适量		

滚边条　侧身上面	4cm×14cm	2 片
侧身整圈	4cm×70cm	2 片
侧身	4cm×26cm	2 片
纸衬、铺棉、坯布	各 40cm×80cm	
提手	1 组	
日本松野珠	适量	
25 号绣线	适量	

1. 先于前袋身表布制作 Mola再制作贴布，共完成两片。

＊蕾丝片做法请见 P.62。

2. 组合前袋身表布、袋底表布、后片袋身表布，进行三层压线后，绣上法式结粒绣、锁链绣、回针绣与直线绣，再缝上日本松野珠。

3. 裁剪袋身里布，并先制作口袋。

4. 将步骤1和步骤2背面相对固定，上、下端滚边。

5. 侧身表布制作三层压线，完成后与里布背面相对叠合，上端滚边。

6. 侧身口袋表布同样制作三层压线，与里布背面相对叠合，于上方制作滚边。

7. 将侧身口袋固定于侧身上。

8. 组合步骤4和步骤7，将整个侧身以滚边条滚边处理。

9. 将提手固定于袋口中心点左、右各6cm处，即完成。

16
蕾丝化妆包 纸型C面

准备材料

前袋身表布	14cm×20cm		纸衬、铺棉、坯布	各 23cm×43cm	
后袋身表布	14cm×20cm		拉链	20cm	1 条
侧身表布	6cm×43cm	2 片	拉链装饰布	5cm×7cm	
配色布	适量		日本松野珠	适量	
滚边条	4cm×62cm	2 片	25 号绣线	适量	
里布	23cm×43cm				

1. 制作前袋身表布的贴布，三层压线后，制作法式结粒绣、锁链绣、直线绣与回针绣，再缝上日本松野珠。

＊蕾丝片做法请见 P.62。

2. 裁剪前袋身里布（距离袋口下方5cm制作一个口袋，中间车缝一条线），与步骤1以背面相对的方式车缝。

3. 后袋身表布做法与前袋身相同，里布也和前袋身里布做法相同。

4. 侧身表布三层压线后，与里布正面相对叠合，车缝上、下端后翻回正面。

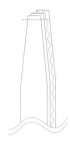

5. 组合步骤2、步骤4、步骤3，所有的缝份皆以滚边条滚边处理。

6. 缝上拉链与拉链装饰布，即完成。

17
五月花提袋 纸型C面

准备材料

先染布 A 和前、后口袋	20cm×20cm	各8色
素布 B	13cm×32cm	2片
绣花布	9cm×9cm	6片
袋底	13cm×22cm	
滚边条　袋口	4cm×63cm	
前口袋	4cm×32cm	2片

里布	45cm
纸衬、铺棉、坯布	各45cm×75cm
绣线	适量
皮革饰物	1个
提手	1组

1. 拼接好A部分的布片再组合B，三层压线后，进行羽毛绣，完成前、后袋身。

2. 拼接前、后口袋的布片，进行三层压线，制作花朵与羽毛绣、缎面绣，共完成两片。

4. 将步骤3叠放于步骤1上固定，共完成两片。

3. 裁剪前口袋的里布，与步骤2背面相对，上方车缝滚边。

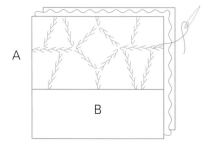

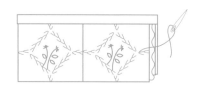

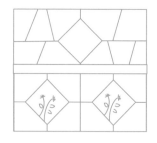

5. 将步骤4的两片正面相对，车缝左、右两侧。

6. 袋底进行三层压线。

7. 组合步骤5和步骤6成筒状。

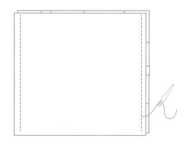

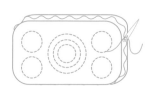

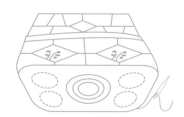

8. 裁剪前袋身里布（缝份内缩0.7cm），并制作口袋（固定于袋口下方8cm处，中间车缝隔间），完成前、后共两片。

9. 裁剪袋底里布（缝份内缩0.7cm）。

10. 组合步骤8和步骤9成筒状。

11. 将步骤10套入步骤7中，进行袋口滚边，将提手组装于袋口中心点左、右各7cm处，再装上皮革饰物，即完成。

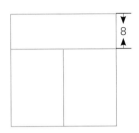

18
五月花零钱包 纸型C面

准备材料

先染布	8cm×12cm（四色）	
绣花布	9cm×9cm	2 片
袋底表布	5cm×12cm	1 片
里布	23cm×30cm	

滚边条	4cm×62cm	
纸衬、铺棉、坯布	各 23cm×30cm	
绣线	适量	
拉链	20cm	1 条

1. 拼接组合前袋身、袋底、后袋身，三层压线后，再制作花朵刺绣、轮廓绣与缎面绣。

2. 上、下端对折后，车缝左、右两侧，袋底车缝底角。

3. 依纸型裁剪袋身里布（缝份内缩0.3cm），上、下端对折后，车缝左、右两侧，再车缝袋底底角。

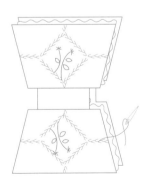

4. 将步骤3套入步骤2中，于袋口制作滚边，缝上拉链，即完成。

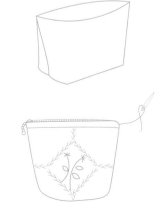

21
郁金香面纸盒 纸型C面

纸型C面

准备材料

主布		15cm		里布	35cm×50cm	
配色布	深红色	5cm×110cm		纸衬、铺棉、坯布	各35cm×50cm	
	粉红色	5cm×110cm		缎带	适量	
滚边条		4cm×50cm	2 片	松紧带	15cm	2 条

1. 参考纸型，分别拼接A、C的郁金香图形。

* 郁金香图形拼接和袋面缎带绣制作请见 P.63~P.65。

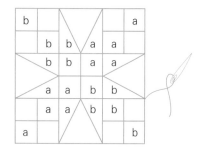
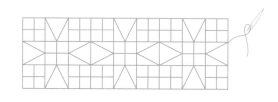

2. 组合A、B、C，并进
行三层压线。

3. 缝上缎带绣袋面与里布。

4. 由中间裁开，如图所示进
行滚边。

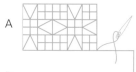
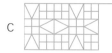
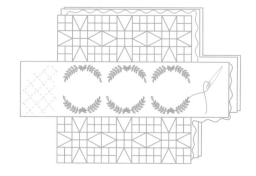
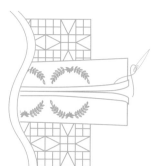

5. 四个角的位置表布与表布缝合、里布与里布缝合。

6. 将下方的缝份往内折入缝合（记得于指定处缝上松紧带）。袋口中间保留14cm的开口，其余缝合即完成。

20
绣花杯垫 纸型C面

准备材料

浅色布	12cm×44cm	厚布衬	10cm×40cm
深色布	17cm×60cm	25号绣线	适量
纸衬、铺棉	各13cm×44cm		

1. 参考纸型，另加缝份裁下布料。于浅色布背面熨烫厚布衬，制作轮廓绣、雏菊绣与法式结粒绣。

2. 再把硬纸板做的纸型放在布反面，进行缩缝，缝至浅色布实际尺寸，完成后取出纸型。

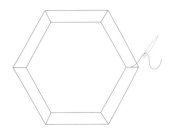

3. 深色布同样放上纸型，缩缝至深色布实际尺寸（内放铺棉）。

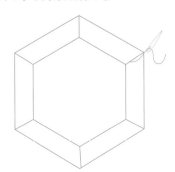

4. 将步骤2以贴布缝缝在步骤3上，即完成。

22
花朵提篮 纸型C面

准备材料

提手配色布	6cm×45cm	11 色	滚边条　提手	4cm×45cm	4 片
配色布	12cm×50cm	3 色	花、叶子配色布	适量	
袋底表布	13cm×13cm	6 色	纸衬、铺棉、坯布	各65cm×65cm	
提手用布	4cm×45cm	1 片	包扣、纽扣	适量	
里布	45cm		绣线	适量	
滚边条　袋口	4cm×100cm		塑料板	适量	

1. 参考纸型拼接A袋身，做5组。

2. 拼接B袋身，做5组。

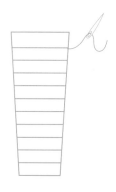

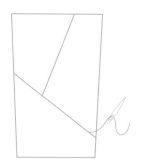

3. 组合步骤1和步骤2，三层压线后，用绣线进行毛毯边绣与羽毛绣，将制作完成的花朵与叶子固定于布料上，车缝左、右两侧成环状。

4. 裁剪A、B袋身里布各5组，如图所示拼接成一长条，车缝左、右两侧成环状。

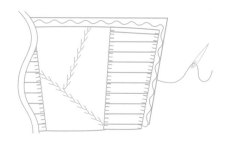

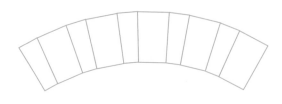

5. 将步骤3和步骤4背面相对（放入塑料板），
   上端袋口滚边，下端的缝份向内折入缝合。

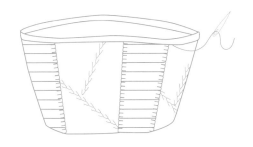

6. 拼接袋底后进行三层压线，绣上羽毛绣，再
   取一片里布正面相对缝合（留返口），翻回
   正面后放入塑料板（塑料板内缩0.2 cm），
   缝合返口。

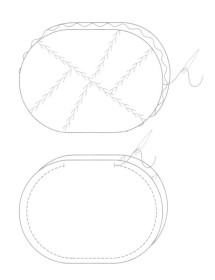

7. 组合步骤5和步骤6。

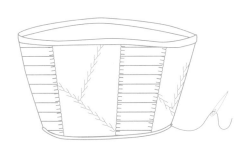

8. 拼接28片布做成提手表布、与里布重叠，
   将上、下端缝份向内折入，制作左、右滚
   边后，绣上毛毯边绣。

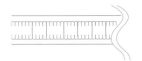

9. 将步骤8的提手组装于指定处。用包扣、纽扣
   和布做成布花并缝好，即完成。

23

美人鱼侧背包 纸型C面

准备材料

袋身表布	34cm × 28cm	2 片	里布	45cm	
袋底表布	14cm × 28cm	1 片	拉链	30cm	1 条
侧身表布	14cm × 33cm	2 片	纸衬、铺棉、坯布	各 60cm × 70cm	
侧身口袋布	14cm × 15cm	2 片	8 号绣线	适量	
滚边条　袋口	4cm × 28cm	2 片	提手	1 组	
侧身口袋	4cm × 15cm	2 片	日本松野珠	适量	
浅色绣花布	8cm × 8cm	48 片	包扣、包扣布	适量	

1. 完成24片绣片，再沿着U形的边缘缝上
日本松野珠。

　＊美人鱼绣片制作请见 P.66。

2. 参考纸型和图示，将绣片摆放于第1层、第2
层、第3层、第4层之间进行夹车，完成前袋
身表布、袋底和后袋身表布，组合成一长条
后，进行三层压线。

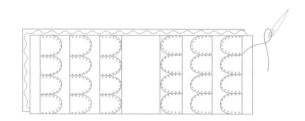

3. 裁剪一片和步骤2尺寸相同的里布
（先制作口袋固定在里布上），与表
布正面相对叠合，车缝两条长边，再
翻回正面。

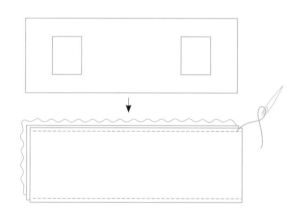

4. 把两条短边滚边，缝上拉链。在拉链两旁缝上包扣。

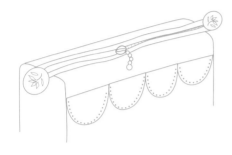

5. 制作侧身口袋表布，进行三层压线后与里布叠合，于上方制作滚边。

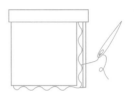

6. 侧身表布同样进行三层压线，再与步骤4组合。

7. 裁剪一片侧身里布，与侧身表布正面相对后车缝四周，并留一返口，翻回正面，再将返口缝合。

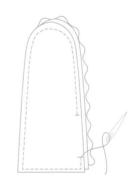

8. 组合步骤4和步骤7，并组装提手，即完成。

24
美人鱼零钱包 纸型D面

准备材料

袋身表布	33cm×20cm	1片		纸衬、铺棉、坯布	各 20cm×30cm	
浅绣花布	6cm×6cm	8片		挂耳布	4cm×4cm	1片
浅色布	适量			拉链	18cm	
贴布用方块布	适量			8号绣线	适量	
里布	20cm×30cm	1片		日本松野珠	适量	
滚边条	4cm×38cm	1片				

1. 完成4片绣花片，再
沿着U形的边缘缝上
日本松野珠。

*美人鱼绣片制作见 P.66。

2. 将绣花片摆放于A、B和B、C之间
进行夹车，组合成一长条，把12
片方块布贴布缝在布上。

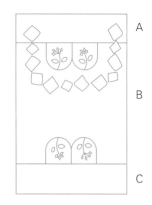

3. 袋身进行三层压线。

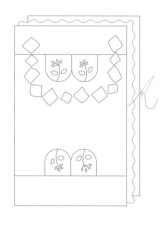

4. 将袋身上、下端以正
面相对的方式对折，
车缝左、右两侧（记
得夹入挂耳布）。

5. 袋底车缝底角左右
各2cm。

6. 依纸型裁剪一片里布（缝份内缩0.2cm），
上、下端正面相对对折，车缝左、右两侧，
袋底车缝底角4cm。

7. 将步骤6套入步骤5中成一个筒状，于袋口滚
边，缝上拉链后，即完成。

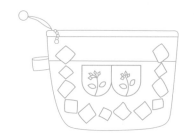

30

富贵花提袋 纸型D面

准备材料

前袋身表布	17cm × 29cm		滚边条	4cm × 38cm	1 片
后袋身表布	17cm × 29cm		纸衬、铺棉、坯布	各 30cm × 60cm	
侧身表布	10cm × 56cm	1 片	提手	1 组	
贴布用布	适量		8 号绣线	适量	
里布	30cm		磁扣	1 组	

1. 裁剪前袋身表布，制作贴布，进行三层压线后，再绣上轮廓绣、缎面绣与法式结粒绣。

  * 富贵花零钱包制作请参考 P.113 紫罗兰零钱包。

2. 后袋身表布做法同前袋身表布。

3. 裁剪侧身表布，并进行三层压线。

4. 组合步骤1、步骤2、步骤3成筒状。

5. 裁剪前袋身里布（缝分内缩0.3cm），制作口袋，并固定于袋口下方4cm处，口袋尺寸12cm×8cm。

6. 后袋身里布做法同前袋身里布。

7. 裁剪侧身里布。

8. 组合步骤5、步骤6、步骤7成筒状。

9. 将步骤8套入步骤4中，于袋口处滚边，将提手组装于袋口中心点左、右各5cm处，缝上磁扣（固定于袋口下方4cm处），即完成。

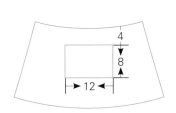

25

YOYO 提袋 纸型D面

准备材料

前袋身表布	21cm×25cm		
后袋身表布	21cm×25cm		
侧身表布	16cm×20cm 片		
袋底表布	17cm×21cm1 片		
贴布用布	适量		
YOYO 用布	圆形直径 6cm	各色适量	
滚边条　袋口	4cm×80cm	1 片	

滚边条　提手	6cm×40cm	2 片（直布纹）	
提手用布	3cm×40cm	2 片	
里布	45cm		
纸衬、铺棉、坯布	各50cm×55cm		
8 号绣线	适量		
段染缎带花	适量		

1. 将前、后袋身皆进行三层压线。

2. 制作侧身表布贴布，完成后进行三层压线，共完成两片。

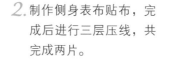

3. 组合步骤1和步骤2成筒状。

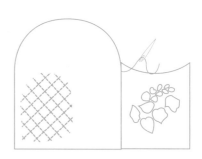

4. 袋底表布进行三层压线。

5. 组装袋底与步骤3。

6. 制作前袋身里布（缝份内缩 0.7cm），并制作口袋，再固定于里布上，后袋身里布制作方法相同。

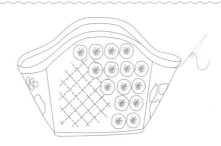

7. 侧身里布两片（缝份内缩0.7cm），
   同样先制内层口袋。

8. 组合步骤6和步骤7成筒状。

9. 裁剪袋底里布，并与步骤8缝合。

10. 将步骤9套入步骤5，于袋口处滚
    边，再制作98个YOYO球，固定于
    前、后袋身上。

11. 制作布提手并缝上段染缎带花，再缝合
    于袋口中心点左、右各6.5cm处，即完
    成。

26

YOYO 零钱包 纸型D面

准备材料

袋身表布	20cm×30cm	1 片	YOYO 用布	圆形直径 6cm	各色适量
滚边条	4cm×84cm	1 片	纸衬、铺棉、坯布	各 20cm×30cm	
里布	20cm×30cm	1 片	拉链	20cm	1 条

1. 袋身表布制作三层压线。

2. 依纸型裁剪一片袋身里布。

3. 将袋身表、里布背面相对，四周滚边。

4. 缝制拉链。两边缝底角2cm。缝好
   32个YOYO固定于前、后袋身上，
   即完成。

27
苏珊铂金包 纸型D面

准备材料

前袋身表布	26cm×34cm		滚边条	4cm×35cm	2 片
后袋身表布	26cm×34cm		拉链	35cm	1 条
袋底表布	17cm×34cm	1 片	拉链拉环布	5cm×7cm	2 片
侧身表布	17cm×23cm	2 片	提手	1 组	
里布	60cm		袋身皮边扣	1 组	
铺棉、纸衬、坯布	各50cm×70cm		8 号绣线	适量	

1. 裁剪前袋身表布、袋底表布与后袋身表布，皆进行三层压线、绣上法式结粒绣并组装成一长条表袋身。

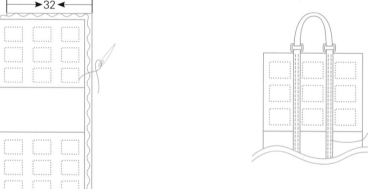

2. 缝上提手（距离袋口中心点左、右各5.5cm）与袋身皮边扣。

3. 裁剪与步骤1尺寸相同的里布。制作内层口袋后，再缝合长条状里袋身。

4. 将表、里袋身正面相对，车缝左、右两侧。

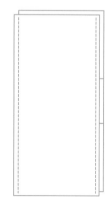

5. 翻回正面后，上、下端制作滚边，再缝上拉链。

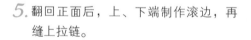

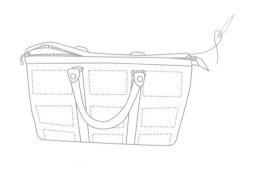

6. 裁剪侧身表布，并进行三层压线。

7. 裁剪侧身里布。

8. 将步骤6和步骤7正面相对，车缝四周并预留一返口，翻回正面，再缝合返口处。另一侧的侧身做法相同。

9. 组合步骤5和步骤8，即完成。

29
苏珊笔袋 纸型D面

准备材料

前袋身表布	7.5cm×25cm	1片	铺棉、纸衬、坯布	各21cm×25cm	
袋底表布（深色）	7cm×25cm	1片	滚边条	4cm×52cm	
后袋身表布	7.5cm×25cm	1片	拉链	20cm	1条
里布	21cm×25cm	1片	8号绣线	适量	

1. 组合前袋身表布、袋底表布、后袋身表布，进行三合一压线，再进行刺绣。

＊苏珊零钱包制作请参考苏珊笔袋。

2. 以正面相对的方式上、下对折，车缝左、右两侧，制作袋底底角2.5cm。

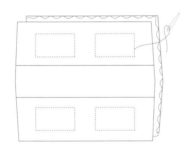

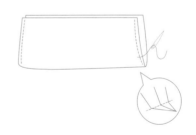

3. 依纸型裁剪一片袋身里布（缝份内缩0.2cm），以正面相对的方式上、下对折，车缝左、右两边，制作袋底底角2.5cm。

4. 将步骤3套入步骤2中，于袋口处制作滚边，并缝上拉链，即完成。

32
百合花大提袋 纸型D面

准备材料

袋身表布	60cm		提手	1组		
彩绘玻璃用布	适量		鸡眼	4个		
里布	60cm		彩绘玻璃黑边条布	宽4mm	1卷	
拉链（内口袋用）	18cm	1条	奇异衬	1卷		
纸衬、铺棉、坯布	各40cm×110cm					

1. 于袋身表布上描绘图形，以奇异衬描绘图案，熨烫于彩绘玻璃用布背面，再将彩绘玻璃布叠放于指定处，以彩绘玻璃黑边条布熨烫于图形四周，再以贴布缝缝合。

＊彩绘玻璃制作请参考 P.68 百合花小提袋。

2. 将袋身表布、铺棉与坯布叠合，进行三层压线。

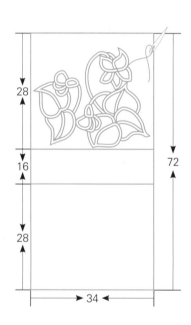

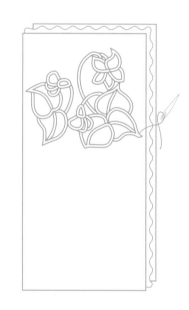

3. 依纸型裁剪侧身口袋表布，进行三层压线后，与里布叠合，再于上方车缝滚边。

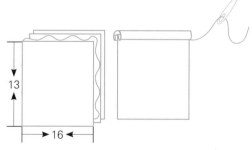

4. 依纸型裁侧身表布，进行三层压线后，
与里布叠合，再于上方车缝滚边。

5. 疏缝固定步骤3和步骤4。

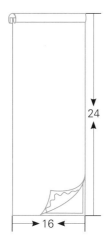

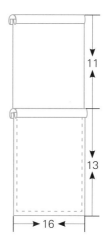

6. 裁剪与步骤2尺寸相同的里布（可
先制作口袋）。

7. 组合步骤5和步骤6，并于四周车缝滚边。

8. 于袋口中心点左、右各7cm处打上鸡眼，
再组装提手，即完成。

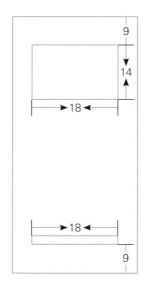

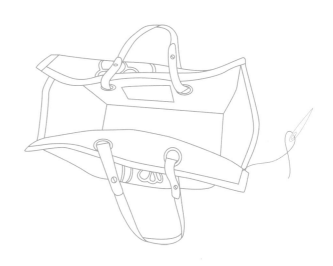

34
紫罗兰提袋 纸型D面

准备材料

袋身表布	适量		8号绣线	适量	
侧身表布	10cm×52cm	1片	日本松野珠	适量	
里布	30cm		提手布	4cm×34cm	4片
铺棉、纸衬、坯布	各30cm×30cm				

1. 以疯狂拼布制作前袋身表布，进行三层压线（铺棉不外加缝份），绣上羽毛绣，缝上日本松野珠。

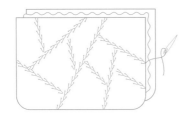

3. 制作布提手，将布条正面相对，车缝两侧后，翻回正面。

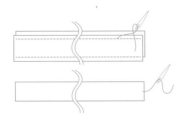

5. 后袋身表布与前袋身表布做法相同。

2. 裁剪一片前袋身里布（先制作口袋，口袋尺寸依个人需求制作）。

4. 将提手固定于袋口中心点左、右各5cm处，与前袋身里布以正面相对的方式车缝四周，并预留一返口，翻回正面，再缝合返口。

6. 完成侧身表布，进行三层压线（铺棉不外加缝份），裁剪侧身里布，与表布正面相对车缝四周，并预留一返口，翻回正面后，缝合返口。

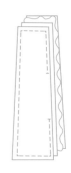

7. 组合前、后袋身与侧身。

8. 最后于距离袋口下方0.5cm 处压一
道装饰线。

9. 在提手上绣羽毛绣，并以日本松野珠
点缀，即完成。

35 紫罗兰零钱包 纸型D面

准备材料

袋身表布	适量	拉链	18cm	1 条
里布	15cm×20cm	8 号绣线	适量
滚边	4cm×60cm	日本松野珠	适量
铺棉、纸衬、坯布	各 15cm×20cm		

1. 以疯狂拼布制作袋身表布，完
成后进行三层压线（铺棉不外
加缝份），再绣上羽毛绣，并
以日本松野珠点缀。

2. 裁剪袋身里布，并与步骤1
背面相对，车缝四周滚边。

3. 组装拉链后，车缝袋底
底角左、右各2cm，即
完成。

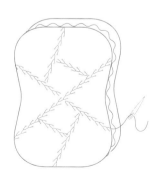

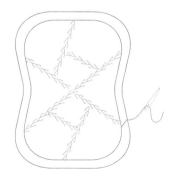

36
古典美人提袋 纸型D面

准备材料

表布	素色先染布	10cm×20cm	2 片	立体花用布	适量	
	图案花布	12cm×12cm	4 片	日本松野珠	适量	
	淡雅花布	12cm×14cm	2 片	包扣	2cm	6 颗
	六角花园布	10cm×110cm	各 10 色	包扣布	适量	
里布		45cm		提手	1 组	
铺棉、纸衬、坯布		各 50cm×90cm		拉链（内口袋用）	15cm	1 条

1. 拼接前、后袋身表布，完成后进行三层压线（铺棉不外加缝份）。

*六角花园拼接制作请见P.67。

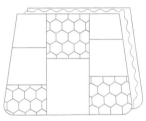

2. 取前袋身里布（先制作口袋）与前袋身表布正面相对，车缝四周并留一返口，翻回正面，再缝合返口。后袋身里布做法相同。

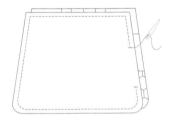

3. 完成前、后袋身，花芯与花布图案的四周缝上日本松野珠。

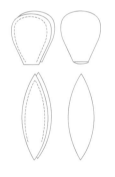

4. 制作立体花与叶片。将花朵与叶片固定于指定处（立体花的花芯须缝上日本松野珠）。

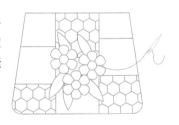

5. 拼接侧身表布（每排26片、做5排），进行三层压线（铺棉不外加缝份）。取一片侧身里布，车缝2排（每排26片）六角花园固定于里布，左、右两侧缝制六角花园，完成侧身制作。

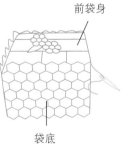

前袋身

袋底

6. 组合前袋身、步骤5、后袋身。

侧身

7. 组装提手，即完成。

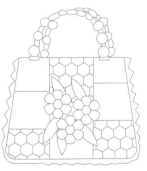

本著作通过四川一览文化传播广告有限公司代理，由台湾雅书堂文化事业有限公司授权河南科学技术出版社在中国大陆独家出版发行本书中文简体字版本。

备案号：豫著许可备字-2016-A-0307

图书在版编目（CIP）数据

秀惠老师的幸福系粉色拼布/周秀惠著. —郑州：河南科学技术出版社，2017.6
ISBN 978-7-5349-8687-1

Ⅰ.①秀… Ⅱ.①周… Ⅲ.①布料—手工艺品—制作 Ⅳ.①TS973.51

中国版本图书馆CIP数据核字（2017）第069013号

出版发行：河南科学技术出版社
　　　　　地址：郑州市经五路66号　　邮编：450002
　　　　　电话：（0371）65737028　　65788613
　　　　　网址：www.hnstp.cn
策划编辑：刘　欣
责任编辑：梁莹莹
责任校对：窦红英
封面设计：张　伟
责任印制：张艳芳
印　　刷：北京盛通印刷股份有限公司
经　　销：全国新华书店
幅面尺寸：210 mm×260 mm　　印张：10　　字数：180千字
版　　次：2017年6月第1版　　2017年6月第1次印刷
定　　价：49.00元

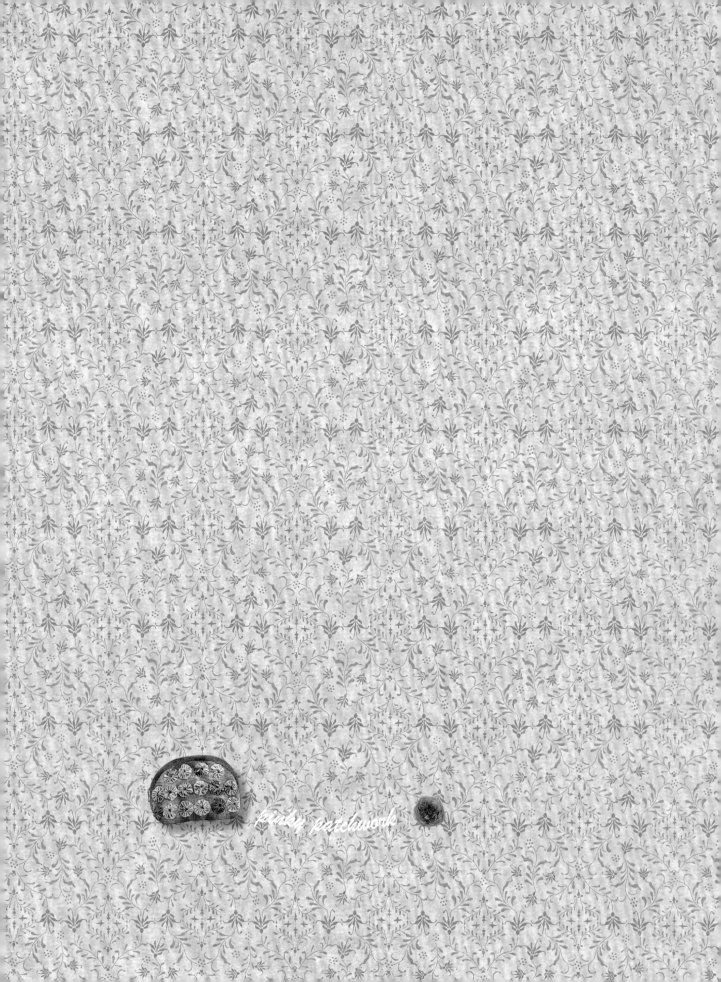